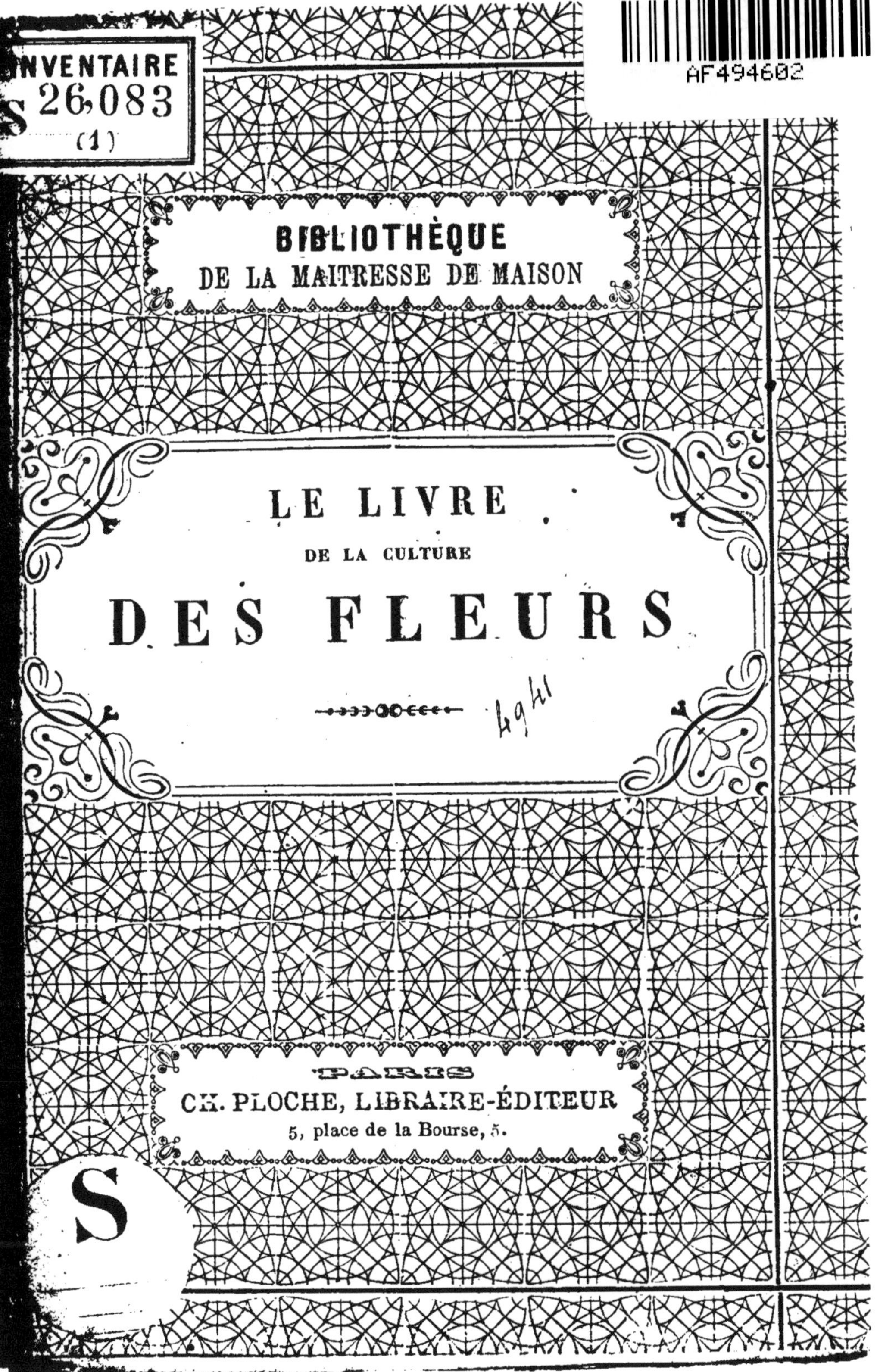

BIBLIOTHÈQUE
DE LA MAITRESSE DE MAISON

LE LIVRE
DE LA CULTURE
DES FLEURS

PARIS
CH. PLOCHE, LIBRAIRE-ÉDITEUR
5, place de la Bourse, 5.

LE

LIVRE DES FLEURS

Paris. — Imprimerie Bonaventure et Ducessois,
55, quai des Augustins.

LE LIVRE
DES FLEURS

PAR

CHARLES DESLYS

PARIS
CH. PLOCHE, LIBRAIRE-ÉDITEUR,
3, place de la Bourse.
1852

LE

LIVRE DES FLEURS

I

Préliminaires.

Rien de plus curieux, rien de plus intéressant, rien de plus agréable que la culture des fleurs, alors surtout, qu'initié le plus possible aux mystères botaniques, on peut comprendre le caractère, les passions et jusqu'aux moindres fantaisies du peuple multicolore des jardins.

Dans l'un des premiers volumes de cette bibliothèque, dans *le Livre du Jardinage*, nous avons expliqué déjà les divers ressorts de l'existence végétale, nous avons dit ce qu'étaient et les cotylédons et la tige, et les bourgeons, et les feuilles, et les fleurs, et les graines. Nous ne répéterons donc rien ici de tout cela, nous nous contenterons d'expliquer la formation et l'entretien en général des parterres, la culture et l'histoire des plantes le plus en renom, leur langage symbolique et leur douce poésie.

Nos lecteurs et nos lectrices savent également la façon dont se labourent, s'amendent et se composent les diverses terres favorables à l'horticulture. Ajoutons néanmoins en passant que le terrain des plates-bandes à fleurs doit toujours être mélangé de terre franche, terreau et terre de bruyère ; que, durant les ardeurs de l'été, il doit se couvrir entièrement de paillis, afin de conserver sans cesse la précieuse humidité des arrosements et des pluies, que les semis sous cloche ou châssis, que les repiquages en pleine terre, que les cuvettes au pied des nouveaux plants, la défense des feuilles et des fleurs contre la voracité des insectes, que tout enfin jusqu'à la récolte des graines réclame des soins assidus, un véritable art, une véritable sollicitude.

Quant aux instruments nécessaires, on en trouvera la liste encore et la description dans *le Livre du Jardinage;* de même quant aux travaux particuliers de chaque mois.

Aujourd'hui, nous commencerons immédiatement par prendre les fleurs une à une, mais avant tout, par en donner une nomenclature purement nominative, avec la place spéciale qu'elles doivent occuper dans les jardins.

II

Fleurs et arbustes à fleurs.

Pour bordure, et quelle que soit d'ailleurs la distribution de votre parterre :

Absinthe naine.
Buis.
Crépis-rose.
Cynoglose.
Dracocéphal d'Afrique.
Fraisiers.
Gazon.
Giroflée de Mahon.
Hysope.
Iris nain violet ou jaune.
Lavande.
Marguerite.
Marjolaine.
Mignardise.
Oreille-d'ours.
Petit-chêne.
Pied-d'alouette nain.
Primevère.
Sauge.
Thym.
Violettes.

Après ces premières bordures qui peuvent déjà se doubler quelquefois, mettez au second ou troisième rang :

Aconits nains.
Ancolies.
Anémones.
Astragales.
Balsamines-naines.
Campanules-naines.
Centaurées.
Céraiste cotonneux.
Elléborine.
Épervières.
Epilobe.
Ficoïdes.
Galégas.
Gentianes.

Iris-moyen.
Jacinthes.
Lavatères.
Liseron de Portugal.
Narcisses.
Nigelles de Damas.
OEillets d'Inde petits.
OEillets-nains.
Pavots-nains.
Pied-d'alouette vivace.
Renoncules.
Réséda.
Rudbecks.
Saxifrages.
Tulipes.
Tussilages.
Véroniques.
Verveines.

Plus haut encore, et toujours en choisissant les plus hautes plantes à mesure que l'on se rapproche de plus en plus du milieu de la corbeille ou de la plate-bande :

Aconits.
Adonides.
Alcées ou roses trémières.
Althéas.
Alysse ou Corbeille d'or.
Amandiers de Perse.
Amarantes.
Amaryllis.
Anthémis ou Chrysanthème.
Armoise.
Asters.
Balsamines.
Belles-de-jour.
Belles-de-nuit.
Bluets.
Boules-de-neige.
Cacalies.
Calendulas.
Campanules.
Célodies.
Chèvre-feuilles.
Clématites.
Cinéraires.
Coquelicots.
Coréopsis.
Dahlias.
Daturas.
Deltoïdes.
Digitales.
Echinops.
Ellébores noirs.
Ephémères.
Eupatoires.
Fraxinelles.
Galégas.
Genêts d'Espagne.
Gentianes.
Géraniums.
Giroflées de toute sorte.
Glaïeuls.
Gomphrènes.
Gueules-de-loup et de-lion.
Gyroselles.
Hépatiques.
Hortensias.
Iris de toute espèce.
Jasmins.
Jonquilles.
Juliennes.

Ketmies.
Lilas ordinaires et de Perse.
Lis de toute espèce.
Lupins.
Matricaires.
Mauves.
Muffles-de-lion.
Nèfles à fleurs doubles.
Ne-m'oubliez-pas.
Nénuphars.
Nerprun.
Nivéoles.
OEillets de toutes sortes.
Orangers.
Ornithogales.
Pavots.
Pêchers à fleurs doubles.
Pensées.
Persicaires.
Pervenches.
Pétunias.
Phlox.
Pieds-d'aloutte de toute espèce.
Pivoines.
Polémone bleue ou Valériane grecque.
Primevères.
Protées.
Rhododendrons.
Ricin ou Palma-Christi.
Robiniers.
Romarin.
Rosiers de toute espèce.
Rue des jardins.
Sainfoin.
Santolines.
Saponaires.
Saules.
Scabieuses.
Scilles.
Séneçons.
Soleils de toute espèce.
Sorbiers.
Soucis.
Spirées ou Filipendules.
Tabac.
Thlaspi.
Troênes.
Tubéreuses.
Verges-d'or.
Véroniques.
Violettes marines.
Yucca.

Joignez à cela : les colonnettes de pois de senteur ou de pois vivaces pour garnir le bas des arbres—les haricots d'Espagne, la glycine, les cobéas, les capucines, les volubilis pour les berceaux—les aubépins, troênes, charmes, épine-vinette, groseillers à grappes pour les charmilles et haies—tous les arbres fruitiers à fleurs doubles, les acacias, les sureaux, les sorbiers, les baguenaudiers, les viornes, les seringas pour gros massifs — tous les gros arbustes et gros arbres enfin pour la partie boisée des jardins.

III

Dictionnaire des jardins.

Avant d'entreprendre la description particulière de chacune de ces fleurs, il est bon de mettre préalablement sous les yeux du lecteur les termes techniques que nous ne pouvons nous dispenser d'employer dans les détails :

Ados : Exposition au midi adossée au nord.

Ailées : Feuilles doubles et s'ouvrant face à face ainsi que deux ailes sur la tige.

Alternes : Se dit des feuilles qui naissent seules à seules des divers points de la tige.

Amplexicaule : Se dit d'une feuille dont la base embrasse la tige.

Articulée : Partie d'une plante jointe avec une autre partie.

Axillaires : On appelle ainsi les bourgeons feuilles ou fleurs qui partent d'un angle quelconque.

Biflore : Se dit du pédoncule qui porte deux fleurs.

Bipinnées : Feuilles qui, sur un pétiole commun, portent des pétioles particuliers, sur lesquels les folioles sont disposées en forme d'ailes.

Bouture : Voir le Livre du Jardinage.

Bractées : Petites feuilles qui naissent avec les fleurs et qui en sont différentes, soit par leur substance, soit par leur couleur.

Bulbeux : Plante qui a pour racine une bulbe, ou partie charnue.

Caïeu : Petit oignon naissant à côté ou sous l'oignon-mère.

Campanulée, campaniforme : Fleur qui a la forme d'une cloche.

Caniculée : Feuille ou pétiole où se remarque une rainure, une sorte de petit canal.

Caulinaire : Foliole, pédoncule ou feuille qui sort directement et immédiatement de la tige.

Châssis : Voir le Livre du Jardinage.

Chaton : Assemblage de fleurs fixé sur un axe commun et pendant d'ordinaire.

Conjuguée : Double foliole au sommet d'un pétiole commun.

Cordiforme : En forme de cœur.

Corymbe : Disposition de fleurs ou de fruits, telle que les rameaux ou les pédoncules qui les portent partent de différents points de la tige, et s'élèvent tous à la même hauteur.

Couche et Cloche : Voir le Livre du Jardinage.

Cunéiforme : En forme de coin.

Dentée : Feuilles ou fleurs à festons.

Digitée : Feuille qui a plusieurs divisions étalées comme les doigts d'une main ouverte.

Elliptique : Qui tient de l'ellipse.

Ensiforme : En forme d'épée.

Epi : Fleurs en épi.

Fibreuse : Racine à fibres.

Filiforme : Mince et flexible ainsi qu'un fil.

Florales : Se dit des feuilles et en synonyme de bractées.

Folioles : Petites feuilles, à pédoncule commun et qui forme une feuille composée.

Fusiforme : En forme de fuseau.

Grappe : Se dit de certaines fleurs et s'explique de soi-même.

Greffe : Voir le Livre du Jardinage.

Griffes (Racines en forme de).

Hampe : Tige sans feuilles et ne portant qu'une fleur au sommet, telle que la tulipe, etc., etc.

Imbriquées : Feuilles disposées comme sur un toit les tuiles.

Impaire : Dernière foliole placée au sommet.

Lancéolées : Feuilles qui ressemblent à un fer de lance.

Ligatures : Voir le Livre du Jardinage.

Linéaire : Allongé en forme de ligne.

Lyriforme : En forme de lyre.

Marcottes : Voir le Livre du Jardinage.

Multifide : Plusieurs fois découpé.

Multiflore : Qui a beaucoup de fleurs.

Napiforme : En forme de navet.

Obcordée : Feuille cordiforme renversée.

Oblongue : Se dit des fleurs et s'explique de soi-même.

Obovale : Idem.

Ombelle : Disposition de fleurs dont les pédoncules partent du même point et s'évasent ensuite comme les rayons d'un parasol.

Palmées : Racines ou feuilles auxquelles les doigts de la main semblent avoir servi de modèle.

Pédoncule et *Pédicule :* Ce qui porte le fruit ou la fleur, ce que l'on appelle queue vulgairement.

Peltée : Feuille dont le pétiole s'implante dans le milieu de sa surface.

Perfoliée : Feuille dont le disque entoure la tige par sa base non fendue.

Persistantes : Feuilles qui durent fort longtemps.

Pétiole : Pédoncule ou queue des feuilles.

Pinnatifide : Feuille allongée à incisions profondes qui les divisent en espèces de lobes ou lanières.

Piriforme : En forme de poire.

Pivotante : Racine comme un pivot.

Radicales : Fleurs ou feuilles qui sortent les premières de la racine.

Rameuses : Se dit des racines à rameaux.

Réniforme : En forme de rognon ou de rein.

Rhomboïdale : A quatre angles dont les deux opposés plus aigus.

Sagittée : En fer de flèche.

Spathe : Gaîne d'une seule pièce qui renferme un bouquet ou du moins plusieurs fleurs.

Spatulée : En forme de spatule.

Ternées : Feuilles placées trois par trois sur un support commun.

Triangulaire : Feuille à trois angles.

Trifoliée : A trois feuilles.

Trilobée : A trois lobes.

Traçante : Racine horizontale très-peu profonde et qui se multiplie en avançant en tous sens ainsi que le fraisier, etc.

Tuberculeuse : Racine à tubercules.

Tubéreuse : Renflée et plus ou moins charnue.

Uniflore : Plante ou pédoncule à une seule fleur.

Verticille : Assemblage de fleurs ou de feuilles disposées sur un axe commun.

Verticillé : A verticille.

Vertiqueuses : Feuilles ou fleurs tournant en spirale à l'entour d'un même pédoncule.

Vésiculaires : Feuilles parsemées de points transparents.

Vulnéraires : Plantes, feuilles ou fleurs aptes à guérir les maladies.

IV

Cultures particulières.

ABSINTHE.

Plante vivace et aromatique qui vient en tout terrain, se multiplie à l'automne par graines ou éclats, et donne en été des fleurs jaunes, pédonculées, axillaires, pendantes. Feuilles blanchâtres et à découpures linéaires. Infusées tout simplement dans de l'eau-de-vie, elles créent au bout de trois mois à peine une liqueur de ménage excellente pour l'estomac.

Dans le langage des fleurs, elle signifie *absence.*

ACACIA.

Arbuste favori des jardins anglais. — Feuilles doublement ailées et d'un beau vert.—Grappes de fleurs parfumées jaunes, rouges ou blanches. — Espèces variées dont quelques-unes sont sensibles au toucher (la Sensitive et la Pudique.)—Marcottes en terre de bruyère ou semis sur couche. — Arrosement en été, mais culture facile. — Les fleurs encore en boutons se font parfois frire comme entremets.

Signifie *affection.*

ACANTHE.

Tiges épineuses. — Grandes feuilles d'un beau vert dont les découpures élégantes sont devenues un type d'architecture; — fleur en gueules rouges, — sensible aux gelées, assez rare dans les jardins français.

Signifie *arts*.

ACHILLEE.

Plante vivace et très-commune, — semis ou éclats; — toutes expositions et tous terrains; — fleurs de toutes nuances. — Nombreuses feuilles découpées.

Signifie *guerre*.

ACONIT.

Plus communément casque, à cause de la forme de leurs fleurs ordinairement bleues; — feuilles digitées; — éclats ou semis en automne, — l'une des plus faciles cultures des jardins.

ADONIDE.

Goutte de sang, — fleurs pourpres tout l'été. — Feuilles à fines découpures, — plante vivace; — semences en bonne terre et en bonne exposition au commencement de l'automne. — Repiquage au printemps, mais pour fleurir seulement l'année suivante.

Signifie *douloureux souvenirs*.

ALCÉE ou ALGÉE.

Rose-trémière, — mauve-rose, — rose-de-Hongrie, — rose-de-mer, — rose-d'outre-mer, — passe-rose. — Mauve en bâton, — larges feuilles ridées, crénelées, diguées parfois; — haute tige rameuse, verticale, velue. — Fleurs axillaires autour et tout le long des tiges, doubles, semi-doubles, ou simples, mais belles toujours et variant sans cesse de couleurs. — Dure trois, quatre et parfois cinq ans; — se sème à la fin de juin, ou en pleine terre substantielle pour fleurir l'année suivante, ou sur couche pour être repiquée vers la fin de l'hiver et ne fleurir que la seconde année. — Curieuses collections, superbe ornement pour le milieu des plates-bandes ou corbeilles. — Presque un arbuste.

Signifie *fécondité*.

ALOES.

Plante vivace et toujours verte, — innombrables espèces; — œilletons ou semences. — Pas d'arrosements. — L'orangerie l'hiver.

Signifie *douleur, amertume*.

ALYSSE.

Herbe aux fous; — Thlaspi jaune; — corbeilles d'or. — Fleurs persistantes, blanchâtres et lancéolées, — grosses touffes de bouquets d'un jaune éclatant, — se renfonce toutes les deux années à l'automne et se multiplie facilement tant par éclats que par semences, ou par couchage de branches après renfoncement.

Signifie *tranquillité*.

AMARANTE.

Passe-velours, crête-de-coq, queue-de-renard. — Fleurs annuelles d'un pourpre magnifique et affectant, suivant l'espèce, les deux formes nommées plus haut. — Semis sur couche, repiquage en terre substantielle mais légère, — l'un et l'autre au printemps.

Signifie *immortalité*.

AMARYLLIS.

Narcisse-madame, — narcisse-d'automne. — lisnarcisse, — lis-St-Jacques, — croix de Calatrava, — belladone,— superbes fleurs à hampe de 4 à 18 pouces suivant les espèces qui varient également de couleur.— Orangerie l'hiver, — multiplication au printemps par les caïeux mis en pots remplis de terre de bruyère.

Signifie *fierté*.

ANCOLIE.

Plante vivace, qui aime l'ombre, et se multiplie en automne soit par éclats, soit par semences en terres légères ; — tige rameuse et droite; — feuilles triplement ternées. — Charmantes fleurs de printemps, fleurs en corymbes, fleurs que le soleil a dotées de toutes les couleurs possibles. — Sceau-de-Notre-dame, — galantine, — églantine, — colombine.

Signifie *folie*.

ANÉMONE.

Plante tuberculeuse à pattes ou à griffes qui fleurit tout l'hiver et tout le printemps, se plaît sans fumier dans des terres froides et légères, et se multiplie soit par graines semées aussitôt maturité, soit par les griffes elles-mêmes qui se lèveront après fanaison de la feuille, et se serreront dans un endroit bien sec pour être replantées en octobre ou en mars, à 2 pouces de profondeur au moins, à 5 au moins de distance. En les conservant à sec jusqu'à l'année suivante, on obtiendrait encore de bien plus belles fleurs.

Pas de gelées, pas de soleil, quelques arrosements, beaucoup de soins, car les anémones le méritent, par leurs fleurs de toutes couleurs et de toute beauté, surtout parce qu'elles sont à la fois les dernières et les premières de l'année. — Sylvie, — elléborine, — belle-dame, — hépatique, — herbe de pâques ou de mars, — herbe du vent, — passe-fleur, — traînasse, — coquelourde. — L'une des grandes ressources du jardin.

Signifie *abandon*.

ANGÉLIQUE.

Plante aromatique et bisannuelle, qui se reproduit d'elle-même en terre fraîche et légère, qui se sème au printemps ou à l'automne sur couche et sous cloche. — Beaucoup d'arrosements ; — tiges hautes; — fleurs jaunes en ombelles. — Très-facile à confire soi-même.
Signifie *inspiration.*

ARISTÉE.

Magnifique plante vivace, qui demande l'orangerie l'hiver, et la chaleur l'été. — Feuilles radicales et uniformes ; — la plus belle de toutes les fleurs bleues.

ARISTOLOCHE.

Arbuste grimpant pour les berceaux, très-facile à marcotter tout à l'entour; — beaucoup de fleurs axillaires, rouges et de la forme d'une pipe ; — immenses feuilles cordiformes.

ARMOISE.

Arbrisseau toujours vert, qui se multiplie de toutes façons, demande l'orangerie, et fleurit en été par grappes terminales et sphériques, mais insignifiantes et jaunâtres. — Jolies feuilles découpées et parfois très-odoriférantes ; — moxa des Chinois, — citronelle.

ASPHODÈLES.

Plante bulbeuse;—bonne terre et bonne exposition, —éclats des bulbes ou semences au printemps,—longues feuilles ensiformes,—haute tige,—fleurs blanches ou jaunes en épis et en étoiles;—bâton royal, sceptre des rois. — Asphodrille.
Signifie *regrets au-delà du tombeau.*

ASTERS.

Plante automnale et vivace, aime l'humidité, se marcotte, s'éclate ou se sème au printemps.—Culture très-facile,—nombreuses variétés de toutes les couleurs.—Astre. Marguerite des Indes. OEil-de-Christ. Herbe à l'étoile.

Signifie *arrière-pensée.*

ASTRAGALES.

Fleurs printanières et versicolores, en épis ou bouquets axillaires.—Terre sablonneuse;—culture des plus simples.

AZALÉA.

Joli arbuste de terre de bruyère et d'orangerie.—Marcottes, rejetons, semence sur couche ou greffe en approche;—feuilles ovales et luisantes au bout de rameaux diffus;—fleurs terminales, odorantes et répétant sous toutes les couleurs celles du chèvre-feuille. Aussi l'appelle-t-on chèvre-feuille d'Amérique.

BAGUENAUDIER.

Des grappes parfumées, jaunes ou rouges, des feuilles alternes à folioles impaires, des semences réniformes dans des capsules claquant sous le doigt, une culture des plus simples, voilà ce joli arbrisseau des jardins et des bois.

Signifie *amusement frivole.*

BALSAMINE.

Belle plante annuelle, à grosse tige, à tête formant buisson;—feuilles d'un beau vert, lancéolées et dentées;—nombreuses fleurs axillaires, doubles ou simples, blanches, roses, rouges, violettes, panachées, etc., etc.—La graine récoltée de préférence sur les fleurs doubles se sème en pépinière au mois d'avril, se repique ensuite en terre bien terreautée, pour se mettre en place en juillet.—Alors du soleil et force eau.—On les plante volontiers en grand nombre, tantôt en troisième bordure, tantôt en corbeille entière. De l'une ou l'autre façon, c'est en été l'une des reines des parterres.

Signifie *impatience*.

BASILIC.

Annuel, aromatique, herbacé, le basilic se sème sur couche au printemps pour se repiquer en pots terreautés qu'on laisse reprendre dans la couche à l'ombre, puis qu'on arrose fréquemment dans les bonnes expositions.—Feuilles et fleurs variant suivant les espèces.—Herbe royale. Basilic des moines. Oranger de savetier.

Signifie *haine*.

BELLE-DE-JOUR.

Liseron des jardins. Convolvulus tricolore.—Semez la graine par grosses touffes en terre meuble, il vous poussera des petits buissons herbacés de quinze à dix-huit pouces environ, et tout étoilés d'innombrables fleurs axillaires, solitaires au sommet d'un long pédoncule, campanulées, d'un fort beau bleu le plus souvent adouci de jaune ou de blanc vers le milieu. Superbe en corbeille, ou en troisième bordure interrompue par des balsamines et des marguerites.

Signifie *coquetterie*.

BELLE-DE-NUIT.

Ainsi nommée parce qu'elle ne fleurit que par les soirs couverts, cette belle plante annuelle se multiplie souvent par elle-même et toujours très-facilement au printemps.—L'été quelques sarclages et quelques arrosements, voilà tout.—Longue et forte racine fusiforme et pivotante,—hautes tiges rameuses,—nombreuses feuilles opposées, cordiformes pointues ;—nombreuses fleurs, le plus souvent rouges, blanches ou panachées, toujours solitaires, en corymbe et en entonnoir.—Plusieurs espèces, dont l'une vivace et odoriférante.—Très-bon effet au quatrième ou cinquième rang des corbeilles ou plates-bandes.

Signifie *timidité.*

BLUET.

Espèce de centaurée, pousse et se resème d'elle-même dans les champs et dans les jardins.

Signifie *délicatesse.*

BOULE-DE-NEIGE.

Sorte de viorne obier, et comme lui se reproduisant de toute façon, mais dans les terrains frais de préférence à tous autres.—Charmant arbrisseau indigène s'élevant tout au plus jusqu'à dix pieds de hauteur. Sa tige est droite, ses feuilles dans le genre de celles du groseillier à grappes, et ses magnifiques fleurs blanches disposées et serrées en boules de neige. — Pas de graine, complète stérilité.—Nombreux surnoms : Rose-de-Gueldres, Pain blanc, Obier stérile, Caillebotte, Obier à fleurs doubles, Pelote-de-neige, etc., etc.

BRUYÈRE.

Arbuste vivace qui se plaît dans la terre à laquelle il a donné son nom, et dans laquelle il se ressème ou mieux encore se marcotte et se bouture rapidement.—De l'ombre et de l'eau l'été. Autant que possible l'orangerie l'hiver.—Plus de trois cents espèces, qui toutes demandent la même culture, et se ressemblent plus ou moins par leurs tiges droites, leurs petites feuilles quaternées, leurs nombreuses grappes de fleurs latérales et paniculées de toutes couleurs,

Signifie *solitude.*

BUIS.

Buis des jardins, bel arbrisseau de douze ou quinze pieds, à petites feuilles ovales et luisantes, dont la variété naine forme les plus solides et les plus persistantes bordures de parterre.—Eclats, boutures, marcottes en tout terrain et toute exposition.—Pour toute culture, le renfoncer tous les trois ans, le renouveler tous les six, le tondre à la fin de l'automne et de l'été.

Signifie *stoïcisme.*

CACALIE.

Plante assez recherchée pour les jardins, vivace, facile à la culture, reproductive de toute façon.—Espèces nombreuses, dont l'une haute et à feuilles sagittées est odoriférante, dont les autres à basses tiges, à racines fibreuses, à feuilles ensiformes et charnues, à fleurs en corymbes purpurées. Elles sont blanches dans l'odorante, *cacalia suaveolens.*

CALENDULA.

Voyez souci.

CAMOMILLE.

Scientifiquement parlant : *anthemis.* Jolie plante vulnéraire, à rameuses tiges, penchant à cause de leur faiblesse, à feuilles d'un beau vert alternes et pinnatifides, à grandes fleurs germinales et solitaires, jaunes ou blanches, doubles souvent, toujours fortement parfumées.—Eclats des pieds ou semence au printemps. Terre ordinaire,—peu d'arrosements,—culture des plus simples.—Conserve précieuse pour la pharmacie domestique.

CAMPANULES.

Un des ornements favoris du parterre,—fleurs axillaires et campanulées grandes ou petites, doubles ou simples, bleues, violettes, jaunes ou blanches suivant les variétés.—Tiges plus ou moins hautes, rhomboïdales ou ramifiées, — feuilles diverses, — éclats ou semences au printemps;—terre meuble, — beaucoup d'arrosements,—orangerie en pleine terre suivant les espèces : —l'une d'elles, la plus haute, est la pyramidale des jardins.

Signifie *exactitude*.

CAPUCINES.

Plante grimpante précieuse pour les berceaux et pour les salades :—feuilles alternes d'un vert pâle, —fleurs jaunes et veloutées de rouge, à longs pédoncules uniflores, à capuchon fortement aromatisé,—se sème en terre grasse au pied des treillages qu'elle recouvre rapidement pourvu qu'elle soit poussée par quelques arrosements.—Il existe une variété à fleurs doubles qui se multiplie par bouture et demande l'orangerie l'hiver.—Communément cresson de l'Inde ou du Pérou.

CÉLOSIE ou CELSIE.

Belles fleurs rondes, axillaires et d'un superbe jaune d'or vers la mi-juillet,—feuilles alternes et dentées, à demi amplexicaules,—alternes rameaux sur de faibles tiges, — racines vivaces, — marcottes, boutures et semences, —bonne exposition, bonne terre, —empaillement ou orangerie l'hiver.

CENTAURÉE.

Nombreuses variétés, presque toutes faciles à la reproduction et à la culture,—fleurs de toutes couleurs mais toujours sur des pédoncules uniflores ou solitaires, — tiges et feuilles variant suivant les espèces dont la plupart sont connues sous les noms plus communs de : barbeau-des-blés et des jardins , bluet-vulgaire ou du levant, bavéole, crocodile-du-Nil, casse-lunette, aubefoin, bouquet-bleu, ambrette, jaune, sultan-doux, fleur-du-grand-seigneur. etc. Une corbeille où on laisserait toutes les sortes de centaurées se reproduire librement et d'elles-mêmes formerait au bout de deux ans un magnifique fouillis de fleurs multicolores.

Signifie *félicité.*

CÉRAISTE COTONNEUX.

Petite centaurée vivace, se reproduisant également au printemps en toutes sortes de terre par traces, éclats ou semences, — tige traçante et blanchâtre , — nombreuses feuilles blanches et cotonneuses,—fleurs terminales, petites dans une espèce, grandes dans une autre, blanches toujours.—Bulette, barbette, argentine, piloselle, oreille-de-souris, myosotis-des-jardins.

CERISIER A FLEURS DOUBLES.

Même feuillage et même culture que pour le cerisier à fruits.—Marcottes et greffes sur merisier commun,—peu de soleil et fraîche terre,—jolies doubles fleurs blanches axillaires,—renonculier, pultréi, arbre de sainte-Lucie, azarine, ragouminier , laurier-au-lait. Mais sous tous ses noms et dans toutes ses espèces, toujours charmant arbuste d'agrément.

Signifie *bonne éducation.*

CHÈVRE-FEUILLE.

Délicieux arbuste grimpant, sarmenteux, entortillant, mais que des tuteurs peuvent disposer néanmoins en tiges et en boules pour le milieu des corbeilles.— Feuilles d'un beau vert lisse, ovales et lancéolées,— fleurs blanches ou jaunes, roses ou rouges, embaumées ou inodores, en bouquet verticillé ou en grappes retombantes, suivant les dix ou douze variétés qu'on en connaît :—couchage, drageon, boutures, marcottes au printemps ou à l'automne.—Rien de joli comme une muraille ou comme un bouquet de chèvre-feuille.

Signifie *lien d'amitié.*

CHRYSANTHÈME.

Innombrables variétés de fleurs automnales de toute grandeur et de toute couleur, qui s'éclatent ou se sèment au printemps, et produisent toujours un précieux effet dans les parterres dépouillés déjà par l'approche de l'hiver. — Feuilles pinnatifides et cunéiformes, découpées, pinnées, alternes, ailées, incisées, amplexicaules, lancéiformes suivant les espèces, mais toujours d'un beau vert gai,—fleurs le plus souvent doubles, et radiées en forme de petit soleil.—Grisaine, orfleur, camomille inodore, marguerite des Alpes.

CINÉRAIRE.

Une jolie plante à feuilles cordiformes, ou pinnatifides, ou velues,—toujours vertes,—à fleurs à disques ou à rayons, disposées en grappes, corymbes, ou ombelles terminales, violettes, jaunes, bleues, ou diversement panachées suivant les espèces,—tiges plus ou moins hautes, mais toujours rameuses et formant buissons;— semis sur couche, marcottes ou boutures en pots terreautés,—couvertures l'hiver, ou mieux encore l'orangerie ; quitte à renfoncer les pots en terre, soit comme seconde ou troisième bordure, soit comme corbeille contenant la collection tout entière, ce qui produirait un délicieux effet.

CLÉMATITE.

Arbrisseau grimpant, dont on compte un grand nombre d'espèces, quelques-unes d'orangerie, mais la plupart de pleine terre et de facile culture; — marcottes, semis, boutures, couchage, greffe des doubles sur les simples dans toute sorte d'expositions et de terrains.— Tiges menues, sarmenteuses, buissonneuses, rampantes ou grimpantes,—feuilles persistantes à triples folioles, cordiformes, ou lancéiformes ;—fleurs parfois en ombelles et parfois solitaires, blanches, jaunes, bleues, violettes, presque toujours très-odorantes.—Tant sur les murailles que sur les berceaux, la clématite se palisse et s'éclaircit comme la vigne, car les fouilles trop retombantes périraient aux grandes ardeurs du soleil.—Quelques arrosements à cette époque.—Flamules, berceau de la vierge.

Signifie *artifice.*

COBÉA ou GOBÉA.

Clématite du Mexique, même culture que la précédente: — rameaux à vrilles, feuilles puînées, fleurs campanulées d'un beau violet toujours, ce qui fait encore appeler le cobéa lierre violet.

COLOQUINTE.

Encore pour les berceaux.—Semis au printemps vers le pied des treillages;—beaucoup d'arrosements; —fruit amer et jaunâtre.

COQUELOURDE.

Plante vivace, aimant l'humidité, se multipliant par éclats, boutures ou semis sur couche en automne;—feuilles amplexicaules et lancéolées sur des tiges blanchâtres et velues;—beaucoup de fleurs solitaires, simples ou doubles, rouges ou blanches,—beaucoup de surnoms suivant les variétés : fleur-de-Jupiter, œillet-de-Dieu, agrostème, nielle-des-jardins ou d'Espagne.

Signifie *vous êtes sans prétention.*

COQUELICOT.

A proprement dire variété du pavot, mais en différant néanmoins en cela qu'il est annuel;—semis au printemps n'importe où;—haute et droite tige rameuse et velue;—feuilles *idem*, ternées et à découpures profondes;—fleurs doubles ou simples de toutes couleurs.—En laissant la graine se semer d'elle-même, on en aura toujours un grand nombre, quitte à arracher plus tard celles qui gêneraient les autres fleurs.

Signifie *consolation.*

CORÉOPSIS.

Plante vivace, dont la plus commune variété est annuelle;—semence, repiquage ou éclats au printemps.—Feuilles ternées, dentées, sessiles;—très-jolies fleurs d'un jaune éclatant à disque d'un beau brun;—rameaux allongés et se balançant avec grâce au moindre vent.

CRASSULA.

Gentil arbrisseau toujours vert qui demande l'orangerie, car il vient du Cap;—grandes fleurs roses, blanches, brunes ou écarlates, suivant les variétés;—grandes feuilles amplexicaules et cartilagineuses, à cils blanchâtres opposés en croix.—Peu d'arrosements l'été.

CRÉPIS.

Bordure favorite des jardins, mais qui ne dure qu'un an et n'exige d'autres soins que la semaille;—feuilles découpées et lobées;—jolies fleurs axillaires et rayonnées d'un rose tendre durant tout l'été.

CYCLAMEN.

Plante vivace, à racines tubéreuses qui se coupent et se replantent comme les pommes de terre, mais à l'ombre et préférablement en pots tenus constamment humides.—Feuilles cordiformes et radicales toutes tachetées de blanc;—innombrables fleurs de toutes couleurs, selon les variétés, dont quelques-unes sont odorantes.

CYNOGLOSE.

Bisannuelles ou vivaces, ces plantes à tiges basses et touffues se multiplient au printemps par traces ou par semence, et donnent au commencement de l'été une grande quantité de petites fleurs d'un bleu d'émail.—Petite bourrache.

DAHLIA.

L'une des grosses plantes automnales qui se cultivent le plus dans les jardins modernes, et qui le mérite assurément par ses magnifiques fleurs, grandes pour le moins trois ou quatre fois et jusqu'à dix comme les reines-marguerites. Leurs diverses couleurs, ainsi que le vert plus ou moins foncé de leur beau feuillage pinné à plus ou moins de folioles, distinguent seules les variétés, dont les collectionneurs font monter le nombre jusqu'à plus de deux cents; mais il faudrait un volume pour les décrire, et nous nous bornerons à donner ici les moyens généraux de leur culture.

Sitôt que la touffe est fanée, coupez les tiges à 5 ou 6 pouces du collet des racines,—relevez les tubercules et nettoyez-les de façon à ce qu'il n'y reste aucune parcelle de terre,—laissez-les sécher tout l'hiver dans un endroit sec et bien à l'abri de la gelée.

Au commencement d'avril en pleine terre fumée, ou mieux encore en février dans des pots d'orangerie, enterrez vos tubercules jusqu'à ce qu'ils aient poussé leurs premiers jets;—déplantez-les alors, afin de les éclater de façon à ce qu'il ne reste qu'une ou deux tiges par pieds; —enfin replantez-les en pleine terre sablonneuse avec fumier en dessous et cuvette terreautée en dessus.—Arrosements fréquents après la plantation, plus rares ensuite, mais sans jamais laisser néanmoins se faner le feuillage;—vigilance soutenue à l'égard des insectes, qui souvent dévorent les jeunes pousses; — tuteur sitôt que la plante s'élève à 6 pouces au-dessus du sol.— Emondez le trop touffu des feuilles et des rameaux pour dégager la fleur.—Ne cueillez pas les premières, qui sont toujours les plus belles, si vous désirez récolter la graine et croiser les espèces par les semis sur couche chaude et très-terreautée.— Recommencez à chaque automne ainsi que nous venons de l'indiquer plus haut, et lorsqu'au printemps vous couperez les pousses trop nombreuses, greffez-les sur des tubercules ou morceaux de tubercules sans yeux, mais toujours parfaitement sains.—Ces greffes, mises à l'ombre dans des pots d'excellents terreaux, vous rapporteront de fort belles fleurs, mais annuelles seulement, le tubercule ainsi greffé pourrissant en terre aussitôt après la floraison. —Les dahlias font un superbe effet au milieu des plates-bandes, ou bien en massifs compactes parmi les gazons

DAME-D'ONZE-HEURES.

Voyez ORNITHOGALE.

DATURA.

Ou stramonium. Pomme épineuse d'Egypte. — Superbe arbuste d'orangerie, à la haute tige violacée, aux larges feuilles puînées, aux longues fleurs odorantissimes, blanches en dedans, d'un beau pur violet en dehors, et pendantes en forme d'entonnoir vers la fin de l'été.—Semences ou boutures sous cloches ou châssis. —Beaucoup d'eau l'été, très-peu l'hiver.
Signifie *charmes trompeurs.*

DELPHINELLE OU DELPHINETTE.

Voyez PIED-D'ALOUETTE.

DICTAME.

Voyez FRAXINELLE.

DIGITALE.

Graines ou boutures en terre de bruyère au printemps; l'hiver, orangerie.—Plusieurs espèces à longues tiges ligneuses, à feuilles persistantes et lancéiformes, à nombreuses fleurs jaunes, rouges ou blanches, en épis pendants ou droits.

DORONIC.

Fleurs terminales, solitaires, grandes, radiées, d'un jaune éclatant ou d'un beau pourpre, qui renaissent une seconde fois à l'automne, lorsqu'on a pris soin de couper leurs rameaux après la première floraison du printemps;—feuilles composées;—racines fibreuses et traçantes.—Plante très-vivace, qui n'importe où se reproduit sans peine, tant par semences que par rejetons.

ECHINOPS.

Se multiplie au printemps par semences, pour rester vivace, mais fleurir seulement la seconde année, pourvu qu'elle soit en bonne exposition, car le terrain lui importe peu. — Tige de trois à quatre pieds, à feuilles duvetées, festonnées de faibles piquants, très-découpées et très-longues, blanches dessous et vertes dessus. — Entre juin et juillet, grandes ou petites fleurs suivant l'espèce, mais toujours en globes terminaux d'un beau bleu d'azur.

ÉGLANTINE.

Sauvage avant-courrière du printemps, croît toute seule et sans culture en véritable enfant de la nature qu'elle est.

Signifie *poésie*.

ELLÉBORE.

Celle-ci est tout au contraire une fleur d'hiver, une petite fleur jaune, rose, pourpre et verte même à la fin, — racine noire, — courte tige, — feuille lisse, trilobée, finissant en pointe, — culture facile à l'ombre, — deux seules variétés : l'elléborine ou aconit-d'hiver, et l'ellébore noir qu'on surnomme communément rose-de-Noël, herbe-de-grue, pied-de-griffon, bonnet-vert, chantée dans *la Fée aux Miettes*, par Ch. Nodier.

Signifie *folie*.

ÉNOTHÈRE.

Annuelle ou bisannuelle, mais plus souvent vivace suivant les différentes espèces, l'énothère est une plante de Virginie assez délicate, à laquelle il faut couverture l'hiver, soleil modéré l'été, terre fraîche et substantielle toujours. — Elle se multiplie cependant avec facilité, soit par éclats, soit par semences, et peuple la plupart des jardins de sa haute tige rameuse, de ses belles feuilles lancéolées, dentées et pointues; de ses grandes fleurs axillaires ou pédoncules en épis terminaux, parfois roses ou rouges, mais le plus souvent jaunes, et d'un suave parfum toujours; — communément : onagre, herbe aux ânes.

Signifie *inconstance.*

ÉPERVIÈRE.

Jolies fleurs jaunes plus ou moins ardentes, en bouquets terminaux et nombreux, — feuilles oblongues et radicales, — racines traçantes, — tige velue, — semences ou éclats en terre grasse au printemps, — de l'humidité, mais pas de trop grands froids.

ÉPHÉMÈRE.

Ou éphémerine, — semences, boutures ou éclats, — en terre légère et sans trop d'arrosements; — plante vivace de Virginie, articulée, herbacée, à feuilles longues et pointues; — nombreuses fleurs à corymbes terminaux, violettes, bleues, blanches, pourpres ou roses suivant la variété.

Signifie *bonheur d'un instant.*

ÉPILOBE.

Fleurs d'été, violettes, rouges ou blanches, toujours terminales; — feuilles d'osier, — tiges nombreuses, — très-vivace et très-facile à multiplier de toute façon en terrain humide et léger; — laurier, herbe, ou obier-Saint-Antoine; — nériette, — osier fleuri, — antonine.

ÉPINE-VINETTE.

Vervinette, — épine-aigrette, — gais buissons à grappes jaunes, à fruits de corail qui pendent le long des haies sauvages.

Signifie *aigreur.*

EUPATOIRE.

Fleurs purpurines ou blanches, en corymbes ou en ombelles; — longues feuilles velues et digitées, mais qui varient beaucoup de détails suivant les nombreuses espèces; — culture ordinaire.

FICOÏDE.

Charmante plante grasse, presque toujours vivace, à laquelle il faut l'orangerie l'hiver, et qui se reproduit au printemps par semences très-mûres ou par boutures fanées en pot remplis de terre de bruyère.—Jolies fleurs radiées, très-nombreuses, variant de couleurs ainsi que les feuilles de forme, suivant les diverses variétés dont la collection dépasse de beaucoup la centaine.

Signifie *froideur*.

FRAISIER.

Comme les bordures et même les plates-bandes de fraises font en quelque sorte partie du jardin à fleurs, nous allons indiquer en passant la culture qui convient indifféremment à toutes les espèces de fraisiers.

Choisissez un endroit légèrement à l'ombre et très-recouvert de paillis, afin d'y déposer la semence, ou mieux encore les nouvelles racines échelonnées de distance en distance sur les filets traçants; — brisez ces filets, plantez ces racines à au moins un pied les unes des autres, à la fin de l'automne; — recouvrez encore de paillis pour l'hiver ce jeune plant; — à l'entrée de l'été, nettoyez bien les plates-bandes et des mauvaises herbes et des nouveaux filets; — paillez encore et arrosez durant l'été.—Surtout laissez bien toutes les feuilles afin de garantir racines et fruits du trop grand soleil.

Signifie *bonté*.

FRAXINELLE.

Plante résineuse et aromatique, qui se multiplie par éclats ou semences en automne à bonne exposition dans les terres douces, qui donne en été de superbes grappes de grandes fleurs rouges ou blanches, dont l'odeur est tellement forte dans les temps secs et chauds qu'elle s'enflamme tout à coup à l'approche d'un flambeau. — La racine pivotante et fibreuse est également aromatisée.

Signifie *feu.*

FRITILLAIRE.

Plante vivace et bulbeuse. — Méléagre, — couronne impériale, — herbe aux sonnettes, — lis royal. — Les tiges cylindriques et nues sortent au premier printemps d'un beau bouquet de feuilles lisses et vertes, et se couronnent à leurs extrémités de plus petites folioles sous lesquelles pendent de grandes fleurs campanulées, blanches ou violettes, mais le plus souvent d'un beau rouge pourpre. — Sitôt la fleur passée, la tige disparaît aussitôt, et toutes les feuilles se sèchent. — Remarquez bien alors la place des oignons pour ne pas les déplanter en faisant d'autres plantations, car en ce cas vous n'auriez pas de fleurs l'année suivante. — Tous les trois ans seulement il faut les relever, pour les débarrasser de leurs caïeux, qu'on remet aussitôt ainsi que les oignons-mères dans de la terre sablonneuse et nullement fumée. — Ils se reproduisent également par graines, et avec peu d'arrosement pour obtenir des variétés.

Signifie *fierté.*

FUMETERRE.

Plante bulbeuse, croissant presque d'elle-même. — Beau feuillage vert, — épis en grappes de fleurs jaunes, rouges, violettes ou blanches, suivant les espèces. —

Presque pas de culture. — Un des meilleurs dépuratifs de la pharmacie domestique.
Signifie *fiel*.

GALANTINE.

Perce-neige ; baguenaudier d'hiver; oignon piriforme de la grosseur d'un pois, qui se multiplie en séparant les caïeux tous les cinq printemps pour les replanter à l'ombre à l'automne.—Feuilles unies et étroites, au nombre de deux, entre lesquelles sort vers la fin de février une hampe de cinq à sept pouces, bientôt terminée par une fleur solitaire, cordiforme et blanche.
Signifie *adolescence*.

GALÉGA.

Joli buisson herbacé d'été, à feuilles ailées de beaucoup de folioles, à grappes ou à épis laissant pendre des fleurs rouges, blanches ou bleues.—Graines en pleine terre, ou mieux encore en pots couverts sous châssis pour être rentrés l'hiver.
Signifie *raison*.

GENÊT-D'ESPAGNE.

Facile à multiplier au point qu'il se multiplie de lui-même par semences et par rejets. — Pour le multiflore blanc, il faut néanmoins la caisse et l'orangerie. — Il faut la greffe pour obtenir des fleurs doubles —En pleine terre, comme en pleine lisière de bois, charmant feuillage, charmants épis parfumés.
Signifie *propreté*.

GENTIANE.

Terre légère, humide, ombrée ; — éclats ou semences ; — tiges et feuilles variant suivant les espèces, du filiforme aux rameaux charnus, de la lancéolée à l'obtuse. —De même pour les fleurs tantôt pourpres, tantôt d'un jaune éclatant, tantôt d'un bleu d'azur. — Culture simple, grande ressource pour les jardins, depuis avril où fleurit la gentiane printanière, jusqu'en novembre, qui nous donne encore la gentianelle ou violette d'automne.

GERANIUM.

Encore une des plantes aimées des collectionneurs, car on en compte plus de deux cents variétés, qui, quoique toutes originaires du Cap, se sont parfaitement acclimatées en France, et s'y multiplient facilement par marcottes et par boutures, voire même par semences, pourvu qu'on leur donne une terre douce, des arrosements modérés, une taille raisonnable au printemps et l'orangerie l'hiver. — Il est même un géranium de pleine terre parmi les deux cents espèces qui varient à l'infini de feuillage et de floraison, mais qui demandent toutes la même culture. Belles étagères, belles garnitures d'allées, superbes corbeilles.

Signifie, suivant la couleur, *sottise*, *préférence* ou *mélancolie*.

GIROFLÉE.

Autre plante à variétés infinies, mais parmi lesquelles on peut en citer cinq principales, savoir :

1° la giroflée jaune, ou rameau d'or, baguette d'or, à cause de ses grappes d'un jaune doré. Elle se reproduit au mois de mai par graines ou boutures dans des pots remplis de terre franche mélangée de plâtre et de chaux de démolition.

2° La giroflée des jardins, qui vient de graine et forme la plante vivace dont tout le monde aime les fleurs parfumées en grappes terminales et longue, blanche, rouge, jaune, violette ou panachée de toutes les nuances de ces principales couleurs.

3° La quarantaine, qui ne diffère de la précédente que parce que ses dimensions sont plus petites et qu'elle est annuelle.

4° La feirenvelle—ou grosse quarantaine rouge,— qui se sème en mars et se cultive de même.

5° La giroflée variable,— qui forme un arbuste vivace, se cultive et se reproduit de même, mais dont les fleurs passent successivement du blanc au jaune et du jaune au pourpre.

Dans toutes les giroflées, les simples seules donnent de la graine; on en conserve donc les plus belles fleurs pour semences, quitte plus tard à arracher les simples au fur et à mesure de la floraison.

Quant aux boutures, elles se font dans toutes les espèces, ainsi que nous l'avons indiqué plus haut pour le rameau d'or, c'est-à-dire dans des pots. Il est bon de les tenir sous châssis à l'ombre dans les premiers temps, et de les rentrer à l'orangerie dès la chute des feuilles.

N'oublions pas la giroflée de Mahon, ou petite giroflée naine, qui se sème chaque printemps en bordures de pleine terre, qu'il est bon cependant de bien terreauter et d'arroser souvent. — De belles giroflées forment de suite le fond d'un beau jardin.

Giroflée des jardins, signifie *beauté durable.*
— de muraille, — *fidélité au malheur.*
— de Mahon, — *promptitude.*

GLAÏEUL.

Tige herbacée à feuilles ensiformes ou lancéolées sortant d'une racine bulbeuse, qui se multiplie dans toutes sortes de terrains et d'expositions, par caïeux ou semences à chaque printemps.—Belles fleurs de toutes les couleurs, suivant la variété.—Rose de Gad; —spatule; —victoriale; —constantinopoline.—A cette dernière cependant la terre de bruyère et l'orangerie.— Tous les glaïeuls sont de fort beaux accidents dans le milieu des plates-bandes ou des corbeilles.

GLYCINE.

Plante sarmenteuse et grimpante pour garniture de murailles et de bosquets, surtout pour ponts végétaux en travers des allées sous lesquels elles laissent pendre leurs superbes grappes purpurines ou violettes. — Feuilles arrondies et ternées ; — couverture l'hiver ; — — bonne exposition ;— multiplication par tubercules et par graines. — Haricot-de-la-Chine. — Phaséolide. — Haricots en arbre.

GOMPHRÈNE.

Amaranthène. Amaranthoïde. Immortelle violette. — Semis au printemps sur couches, pour être repiqué en pleine terre dans de bonnes expositions. — Feuilles lancéolées à duvet sur les nombreux rameaux d'une droite tige ;—fleurs sphériques, roses ou blanches parfois, plus souvent violettes.

GRENADIER.

Superbe arbrisseau d'orangerie, qui se multiplie par boutures, marcottes, greffes et semences en bonnes terres substantielles exposées au midi.—Beaucoup d'arrosements en été ;—feuilles luisantes et pétiolées, de couleur rougeâtre, sur de nombreux rameaux légèrement épineux ;—fleurs doubles ou simples, solitaires et sans pédoncule, mais toujours d'un rouge éclatant ;— fruit connu.

Signifie *fatuité*.

GRENADILLE.

Tige de vingt pieds au moins à rameaux nombreux et grimpants pour berceau et pour tour de fenêtre. —Multiplication au printemps par marcottes, boutures, rejetons, semences mises aussitôt après la maturité sur couche et sous cloche en terre substantielle.—Un bon ados ou même l'orangerie l'hiver;—durant la floraison beaucoup d'arrosements;—feuilles persistantes, glanduleuses et palmées;—fruit jaunâtre de la grosseur et de la forme d'un œuf,—belles et grandes fleurs axillaires, parfumées, largement ouvertes vingt-quatre heures durant, roses, blanches ou bleues suivant les espèces.—Dans cette dernière, appelée communément fleur de la Passion, on croit en reconnaître tous les instruments : la couronne, les clous, le marteau, etc., etc.—Aussi, dans le langage des fleurs,

Signifie *croyance.*

GYROSELLE.

Longues griffes qui, multipliées par œilletons ou semences, soit en pleine terre terreautée, soit et mieux encore en orangerie pour l'hiver, embelliront au printemps votre jardin de charmantes ombelles purpurines, et cela pour plusieurs années, car ce petit arbuste vert-pâle est parfaitement vivace.

Signifie *vous êtes ma divinité.*

HARICOTS-D'ESPAGNE.

Se plantent absolument comme les haricots ordinaires, et n'ont besoin que d'être dirigés ou palissés sur les berceaux ou le long des murailles.

HÉLIOTROPE.

Le roi des parfums. L'herbe à vanille. La fleur des dames.—Petit arbuste qui fleurit toute l'année sous châssis, et dont on fait des corbeilles d'été pour les jardins;—aime la terre de bruyère, les chaudes expositions, et l'orangerie l'hiver avec des arrosements modérés.—Rejetons, marcottes, boutures et semences.—Tige buissonneuse et herbacée;—feuilles persistantes, ovales et velues ;—nombreux corymbes de fleurs plus ou moins bleuâtres.

Signifie *enivrement*.

HÉMÉROCALLE.

Ou lis du Japon, de la Chine.—Orangerie ou couverture ;—caïeux multiplicatifs replantés à l'automne en douce terre ombrée ; —feuilles d'un vert clair, radicales et cordiformes ;—superbes fleurs parfumées, blanches, rouges, jaunes ou violettes suivant les diverses espèces.—Lis jonquille, lis asphodèle, etc.

HORTENSIA.

Encore un superbe arbuste d'orangerie, amoureux des arrosements et de l'ombre.—Terre de bruyère,—boutures, marcottes et rejetons en pots au printemps;—nombreux rameaux formant buisson de trois à cinq pieds;—grandes feuilles ovales et vertes dont les dentelures se cernent de pourpre vers l'automne.—Les plus grosses touffes de fleurs, les plus gracieuses ombelles arrondies, qui passent tour à tour du verdâtre au rose, et du rose au rouge pourpré.—Communément : Rose-du-Japon.

Signifie *froideur*.

HYSOPE.

Petite plante vivace et toujours verte, insouciante de l'exposition et du terrain, qui se multiplie de toutes façons, et n'a besoin que d'être relevée tous les trois ou quatre ans pour former l'une des plus agréables bordures de jardin.

IBÉRIDE.

Voyez THLASPI.

IMMORTELLE.

Cette belle plante, qui se sème sur couche au printemps pour être repiquée l'été en bonne exposition dans de la terre légère, se bouture et se marcotte également pour être mise dans l'orangerie l'hiver.—Ses feuilles et ses fleurs varient avec ses nombreuses espèces, qui sont toutes très-recherchées des amateurs.

Signifie *éternité.*

IRIS.

Que de fleurs et de feuilles diverses, que de variétés encore!—Disons néanmoins que toutes sont vivaces, et se reproduisent très-facilement partout grâce à l'éclat de leurs caïeux.—Beaucoup d'arrosements;—l'orangerie pour les espèces tubéreuses.

Signifie *message.*

JACINTHE.

L'une des plus jolies des plantes bulbeuses, à longues feuilles étroites, à fleurs doubles ou simples, printanières toujours et embaumées, dotées de toutes les couleurs de l'arc-en-ciel.—Elles se sèment pour varier leurs nuances, mais elles se reproduisent bien plus promptement encore par leurs propres caïeux, qui se relèvent aussitôt après le dessèchement des feuilles, se replantent à l'automne dans de la terre de bruyère mêlée de terre ordinaire sans fumier, ou se posent au mois de novembre sur des carafes pour fleurir les cheminées durant l'hiver.—Le lilas de terre et le muguet sont de la famille des jacinthes.

Signifie *bienveillance.*

JASMIN.

D'Italie, d'Espagne, des Açores, d'Arabie, d'Afrique,

ce charmant arbuste parfumé se multiplie par marcottes, boutures, rejetons, greffe en fente sur le premier et le second; aime la terre légère et franche, les arrosements et le soleil en été, l'empaillement ou l'orangerie l'hiver, sauf les espèces plus communes qui peuvent supporter le froid.—Celles-ci figurent ordinairement dans les massifs pleins, greffés sur tige droite dans les milieux de corbeilles; les sarmenteux grimpent en bosquets ou le long des murailles.—On en obtient à fleurs doubles.—Ils se taillent généralement au printemps.—Varié à l'infini par l'horticulture, c'est l'un des plus agréables arbrisseaux des parterres.

Jasmin blanc signifie *amabilité.*

Jasmin de Virginie signifie *séparation.*

JULIENNE.

Petites tiges moelleuses et à rameaux velus;—feuillage lancéiforme, dentelé ; —fleurs odorantes, crucéiformes, violettes, rouges ou blanches. — Boutures ou éclats terreautés ; — assez d'humidité, — culture facile.

JUSQUIAME.

L'hiver l'orangerie, au printemps semences ou boutures au grand soleil et en terre d'orangerie. — Peu d'arrosements ; — fleurs jaunes et rouges pendant autour d'un beau feuillage vert-clair.

Signifie *défaut.*

JUSTICIA.

Orangerie et terre d'oranger, — beaucoup de soleil et d'eau. — Marcottes et boutures au printemps ; — espèces de divers feuillages et couleurs ; — belles fleurs en épis ; — noyer des Indes.

KETMIE.

Ou althéa des marais ou des jardins ; — dans le premier cas, grandes fleurs blanches ou soufrées, — feuilles cotonneuses et cordiformes, tige haute et veloutée ; — graines aussitôt maturité, — boutures en pots, — terre un peu sèche, — variété écarlate. — Dans le second cas, arbrisseau de cinq à sept pieds, à fleurs de toutes nuances, auquel va bien la terre fraîche et légère ; — la marcotte plutôt que la bouture, et l'hiver l'orangerie. — Rose-de-la-Chine.

LAURÉOLE.

Autrement dit daphné, ou bois-joli, ou bois-d'oreille, ou laurier-des-bois ; — arbustes toujours verts, à culture facile, à exposition ombrée en terre légère, à reproduction de toutes manières. — Beaucoup de rameaux, — joli feuillage d'un beau vert ; — épis ou baies rouges ou blanches, très-odorantes toujours. — Beaucoup de variétés, — l'orangerie pour la plupart.

Signifie *coquetterie.*

LAURIER.

Arbuste aromatique dans toutes ses parties, mais trop connu pour le décrire ; — rejetons, marcottes par incision, — graines en terrines. — Orangerie l'hiver. — Terre franche mêlée de terre de bruyère chaque printemps renouvelée dans les caisses ; — fréquents arrosements et grand soleil.

Signifie *gloire.*

LAVANDE.

Ou aspic ; éclats ou semences en bonne exposition ; — l'orangerie pour quelques délicates espèces ; —

fleurs insignifiantes, — bordure aromatique et vivace. Signifie *méfiance.*

LILAS.

Arbrisseau vivace et très-commun dans les jardins, mais dont les espèces sont trop connues pour en entreprendre la description; — éclats de pieds en bonne terre au printemps, — se resème du reste lui-même.
Signifie *jeunesse, premières émotions.*

LIN.

Jolies petites fleurs à larges campanules, blanches, jaunes, rouges, panachées, le plus souvent bleues, terminales toujours ; semences ou éclats de pieds en bonne terre ; — gai feuillage, — facile culture.

LIS.

Qui ne connaît pas, qui n'a pas admiré et senti le lis dans ses variétés innombrables : blanc, ensanglanté, martagon, tigré. — Bonne exposition, — terre meuble ou de bruyère, — pas d'arrosements , — des couvertures dans les trop fortes gelées, — semences ou caïeux, mais sans remuer les gros oignons qui ne fleuriraient pas l'année suivante; — splendides milieux de corbeilles.
Signifie *majesté.*

LUNAIRE.

Bisannuelle et se ressemant en terre franche. Cette plante à feuilles cordiformes d'un beau vert se remarque par les grappes terminales de ses petites fleurs purpurines et blanches, mais plus encore par la forme singulière de la gousse de ses graines dont la bizarrerie s'explique par les surnoms même qu'elles lui ont valus: clé-de-mousse, satin-blanc, monnaie-du-pape.
Signifie *oubli.*

LUPINS.

Sorte de haricot vivace, à fleurs en épis, roses au sortir du bouton, après l'épanouissement d'un beau bleu lilas. — Se ressème aussitôt la maturité, pour fleurir au printemps suivant: — prendre bien garde aux insectes et surtout aux limaçons ; — il en est une variété jaune et odorante.

MAGNOLIA.

Laurier tulipier, — superbe arbre ou arbuste, suivant l'espèce, variant également de feuilles et de fleurs, généralement néanmoins d'un blanc pur, lavé tout au plus de jaune ou de rose. — Bonne exposition, — terre de bruyère, — orangerie ou empaillement ; marcottes, boutures, semences, greffes par approche, etc.

MARGUERITE.

Ou pâquerette vivace, fleur des prés qui s'embellit par la culture, et forme de jolies bordures par l'éclat en terre fraîche et le genre de ses racines traçantes et fécondes.

La reine-marguerite est un aster de la Chine qui se sème en pleine terre terreautée au printemps, ou sur couche pour être repiquée sitôt la force et après une pluie. Ses belles et nombreuses fleurs variées, plus ou moins doubles, et de toutes couleurs et panachements, sont jusqu'à la fin de l'automne, en corbeilles ou secondes bordures, l'un des plus brillants ornements des parterres.

Signifie *innocence* ou *sympathie.*

MARJOLAINE.

Multipliée au printemps par éclats ou semences, cette plante vivace est recherchée pour la grâce de ses petites feuilles ovales et douces au toucher, pour le parfum de ses fleurs à courts épis blancs.

MATRICAIRE.

Plante également odoriférante et à fleurs blanches, — même culture que la précédente.

MAUVE.

Plante connue et médicinale ; — grande variété de feuillages et de fleurs, — semence en terre ordinaire,— culture idem.

MÉLISSE.

Ou citronelle, — fleurs insignifiantes, — feuillage aromatisé; — boutures à l'automne ou semis au printemps, — toujours bonne exposition.

MENTHE.

De même que la mélisse.

MUFFLES ou GUEULES-DE-LION.

Belles feuilles d'un vert foncé, — grandes fleurs, simples ou doubles, et de toutes couleurs, toujours en forme de gueules. — Éclats ou semis n'importe où ; — vivace.

Signifie *présomption*.

MUGUET.

Voyez JACINTHE.

Signifie *retour du bonheur*.

MYOSOTIS.

Cette fleur en épis d'un bleu d'azur se cultive presque partout en terre humide, soit par semences, soit par éclats ou filets. — Culture ordinaire.
Signifie *pensez à moi*, — *ne m'oubliez pas.*

MYRTE.

Rameux, odorant, toujours d'un beau vert luisant, ce joli arbuste se multiplie de toute façon en terre franche mêlée de terre de bruyère — L'orangerie dès les premiers froids; — en été, force arrosements et soleil,
Signifie *amour.*

NARCISSE.

Même culture que les jacinthes.
Signifie *égoïsme.*

NENUPHAR.

Larges feuilles cordiformes, et très-larges fleurs odorantes flottant sur les eaux. — Se multiplie en jetant ses graines ou ses tubercules dans les étangs des jardins; — blanc d'eau, — lys d'étang.
Signifie *éloquence.*

NERPRUN.

Ou noirprun. — Cet arbuste épineux et toujours vert compte un grand nombre de variétés, qui se cultivent toutes ordinairement, mais à l'exposition du nord.

NIGELLE.

Même culture. — Fleurs blanches ou bleues, — graine aromatique.

NÉRÉOLE.

Cloche blanche et pendante, à feuilles longues et lisses, qui se multiplie par ses caïeux qu'on sépare à la fin du printemps, pour les replacer légèrement à l'ombre et en terre ordinaire vers le milieu d'octobre.

OEILLET.

Cette gracieuse fleur parfumée se divise en une multitude de variétés, parmi lesquelles on reconnaît cependant deux principales, savoir : l'œillet à carte ou gros œillet qui déformerait presque toujours en le crevant son calice, sans la carte dont on entoure ses trop exubérantes fleurs ; — et l'œillet-flamand, plus petit, mais qui fleurit mieux. — L'un et l'autre se cultivent dans des pots de sept ou huit pouces soit en profondeur soit en largeur, et remplis tous les trois ans au moins de terre franche pour moitié, un quart terre de bruyère et un quart terreau. — La meilleure graine se récolte sur les vieux pieds flamands à fleur double et foncée de couleur, qu'on sème dans des terrines de terre de bruyère soigneusement sarclées et arrosées. — Lorsqu'ils ont une dizaine de feuilles, on les replante dans les pots définitifs, quitte plus tard à rejeter les simples. — On les arrose modérément, — on les soutient avec des baguettes à mesure qu'ils se développent, — on émonde la surabondance des boutons pour obtenir de plus belles fleurs, et sitôt la fleur passée, l'on interrompt les arrosements afin que les marcottes se cassent plus facilement. — Ces marcottes, dont les feuilles se coupent aux trois quarts avec des ciseaux, doivent être plantées et tenues très-fraîches sous châssis pour être remises en pots au printemps et traitées de même que les jeunes plants. — Parmi les variétés, l'œillet de bois peut se cultiver en pleine terre et se palisser contre les murailles ou sur de légers treillages verts adaptés à des pots ; —

l'œillet-mignardise et l'œillet-de-poëte viennent également en terre ordinaire, et s'y multiplient facilement par semis et par éclats au printemps ; — de même pour les œillets-d'Espagne, deltoïdes et de la Chine. — On compte enfin plus de trois cents sortes d'œillets, dont la plupart exigent l'orangerie l'hiver, et parmi lesquelles il ne faut pas ranger l'œillet-d'Inde dont la culture est aussi ordinaire que la fleur.

Signifie *amour pur*.

ORANGER.

Tout le monde connaît la magnificence de cet arbuste embaumé du Midi ; mais pour le faire venir de semence ou de bouture, il faut être un vrai jardinier, un jardinier complet. — Croyez-moi donc, achetez de petits orangers ; mais pour les avoir bons, choisissez-les à écorce rousse et non pas noirâtre, à feuilles cassantes, à motte bien compacte avec les racines. — Que les caisses soient en chêne et à panneaux mobiles, afin de renouveler tout doucement la terre tous les trois ans ; que le fond soit percé de trous et garni de gravats pour rester toujours sec ; que la caisse enfin soit toujours en proportion avec les racines et avec la tête, qu'on aura soin de tondre lorsque la caisse sera parvenue à son plus grand développement raisonnable. — La terre d'oranger se compose par tiers de terre franche, de terre de bruyère et de terreau de cheval très-émietté, le tout passé à la claie, et recouvert chaque printemps de crottin émietté. — Dans les transplantations, prenez toujours bien garde à la motte, et servez-vous au besoin d'une poulie pour la mieux conserver tout entière. — Durant l'été, arrosez souvent dans la chaleur du jour, plus du tout en septembre, et trois ou quatre fois par an avec un mélange de sciure de corne, de fiente de pigeon et de crottin de mouton laissés et remués pendant un mois dans un tonneau plein d'eau de pluie. — Que les orangers soient, du 15 au 20 octobre, rentrés dans la serre, dont on laissera les fenêtres ouvertes jusqu'aux gelées, et que tout se ferme alors et s'entretienne constamment dans une température de deux ou trois degrés au-dessous du thermomètre Réaumur. — Chaque fois qu'il fera du soleil, ouvrez les fenêtres, de onze heures à une heure. — Dans la dernière quinzaine de mars, laissez les fenêtres ouvertes tout le jour ; dans la première quinzaine d'avril, laissez tout ouvert jour et nuit, mais toujours s'il ne gèle pas. — Du 15 avril au 15 mai, par un temps de pluie ou tout au moins couvert, sortez précautionneusement vos orangers, lavez-les bien afin de les nettoyer des insectes nuisibles, taillez-les avec autant de soin que les arbres fruitiers. — Dans les maladies, frottez-les soigneusement avec du charbon, ou de la craie, ou du vinaigre, ou du brou-de-noix. — Enfin, si vous désirez obtenir quelques beaux fruits, ne laissez que quelques fleurs. — La bouture est possible. — Les variétés sont nombreuses, mais toutes sont superbes, et à l'aide de beaucoup de soins jouissent d'une très-longue vie.

Signifie *générosité*.

ORNITHOGALE.

Communément dame-d'onze heures, heure à laquelle s'ouvrent ses fleurs. — Plante bulbeuse qui se plaît à l'ombre et se cultive comme les jacinthes, sauf l'orangerie pour les espèces délicates.

Signifie *pureté*.

PAVOT.

Même culture que le coquelicot.

PÊCHER A FLEURS DOUBLES.

Même culture que pour le cerisier *idem*, et généralement pour tous les arbres fruitiers à fleurs doubles.

PENSÉE.

Soit annuelle ou vivace, cette jolie fleur si bien colorée se sème ou se sépare en automne comme au printemps, et vient pour ainsi dire d'elle-même dans les parterres et sous le bord des massifs en arceaux.

PERVENCHE.

Encore une jolie plante vivace et traçante qui, dès qu'elle est une fois dans un jardin, s'y ressème et s'y multiplie sans culture, mais de préférence dans les terrains ombrés et frais.

Signifie *doux souvenirs.*

PÉTUNIA.

Grande et belle fleur violette ou blanche, très à la mode depuis quelques années.—Terre d'oranger.—Orangerie l'hiver.—Semences boutures et marcottes.—Un peu d'ombre et de soleil en été.

PHLOX.

Également peu de soleil et force arrosements ;—éclats, boutures ou semences en terre fraîche au printemps.—Belle plante automnale, odorante dans quelques-unes de ses nombreuses variétés, blanche ou rouge, violette ou panachée, mais formant toujours de délicieux bouquets avec ses grappes, ses corymbes ou ses ombelles.

PIED-D'ALOUETTE.

Vivace dans trois de ses espèces, annuelle seulement dans l'autre, cette jolie fleur, l'une des plus communément connues dans les jardins, aime l'exposition au midi, les bonnes terres recouvertes d'un peu de terreau et les fréquents arrosements.—Éclats et semences au printemps et à l'automne pour les espèces vivaces.— Semis pour les annuelles soit en corbeille soit en seconde bordure, mais toujours au printemps et terreauté.—Delphinelle, bec d'oiseau, delphinette.

Signifie *légèreté.*

PIVOINE.

Encore une plante très-cultivée et très-facile à la culture.—Séparation des tubercules en tous terrains au mois de novembre.—Pour la pivoine en arbre, terre de bruyère.—Marcottes, rejetons et boutures.—Empaillement l'hiver.

Signifie *honte.*

PRIMEVÈRES.

Même culture que les pensées.

PROTÉE.

Arbuste du Cap.—Arbre d'argent.—Beaucoup d'espèces.—Même culture que l'héliotrope.

RENONCULE.

Même culture que l'anémone.

RÉSÉDA.

Presque vivace dans l'orangerie, annuel en pleine terre, le réséda se sème et vient à peu près comme les pensées.—Gaude odorante. Amourette d'Egypte.

Signifie *vos qualités surpassent vos charmes.*

RHODODENDRON.

Nouveau et superbe arbuste dont les espèces, fort

nombreuses, viennent pour la plupart et se multiplient facilement à l'ombre et en pleine terre de bruyère.— Superbes massifs toujours verts, et se couvrant au printemps de magnifiques ombelles ou corymbes de toutes couleurs.—Pour les espèces délicates, l'orangerie.

ROSIER.

Il faudrait tout un volume spécial pour décrire les innombrables variétés de la reine des fleurs.—La culture en est généralement aussi facile qu'agréable.—A peu près indifférentes quant au terrain, reproductives de toute façon, les roses vous donneront leur magnifique moisson au simple prix de quelques arrosements, d'une taille bien entendue au printemps, surtout d'une grande vigilance à l'égard des insectes. Voir le livre du jardinage.

Rose		signifie	*beauté.*
—	blanche	—	*silence.*
—	à cent feuilles	—	*grâces.*
—	pompon	—	*gentillesse.*
—	purpurine simple	—	*vertu.*
—	blanche *id.*	—	*innocence.*
—	musquée	—	*caprice.*
—	mousseuse	—	*affection.*
—	jaune	—	*inconstance.*

RUE-DES-JARDINS.

Arbuste toujours vert, à très-forte odeur.— Chaude exposition,—terre sèche,—culture ordinaire.

Signifie *mœurs.*

SAFRAN.

Plus communément, croccus.—Terre légère et sèche sans fumier;—toute exposition.—Le reste comme la jacinthe.

Signifie *n'abusez pas.*

SAINFOIN-D'ESPAGNE.

Jolie petite plante vivace, qui se sème au printemps en terre bien exposée, bien labourée, bien fumée, et qui peut même y rester durant les froids, pourvu qu'elle ait un bon manteau de litière.

Signifie *agitation*.

SAPONAIRE.

Toutes sortes d'expositions et de terres ;—culture sans observations particulières.

SAUGE.

Idem.—Mais quelques espèces délicates demandent et l'orangerie, et l'exposition au soleil.

Signifie *ironie*.

SAXIFRAGE.

Espèces nombreuses et variant on ne peut plus les feuilles et fleurs, mais qui toutes se cultivent le plus ordinairement et le plus communément du monde.

SCABIEUSE.

Idem.

SENEÇON-D'AFRIQUE.

Idem.

SOLEIL.

Idem.

SOUCI.

Idem.

SPIRÉE.

Idem. Mais à l'ombre, dans de la terre de bruyère avec arrosements fréquents.—La reine des prés et la filipendule sont deux sortes des nombreuses espèces de la spirée.

STRAMOINE.

Voyez DATURA.

SUREAU ET SERINGA.

Tous deux arbustes de jardin, tous deux des plus faciles à la reproduction comme à la culture, le premier cependant préférant les terrains ombrés et frais.

TABAC.

Semis sur couche et repiquage dans de la terre bien fumée, bien arrosée et en bonne exposition.—Plante annuelle aux larges feuilles ovales, aux fleurs en entonnoir purpurin.—Buglose antarctique. Nicotiane.

THLASPI.

Plus communément téraspic, plus scientifiquement ibéride de Crète.—Jolie plante des plus faciles à multiplier en secondes bordures et par semences en terre meuble au printemps.—Quant aux espèces vivaces et toujours vertes, éclats, marcottes et boutures; — bonne exposition; —l'orangerie si l'on peut.

TROÈNE.

Absolument comme le lilas.
Signifie *défense*.

TUBÉREUSE.

Superbe oignon à fleurs très-odorantes, qui fleurit en pots de bonne terre, se reproduisant par la couche dans nos climats, mais qui ne saurait se multiplier par ses caïeux que dans le midi de la France.

Signifie *volupté.*

TULIPE.

Encore une fleur qui réclamerait à elle seule tout un volume. C'est pour elle que se sont le plus souvent passionnés les collectionneurs, qui en comptent jusqu'à près d'un millier d'espèces de toutes nuances et panachements.—Pour en obtenir encore de nouvelles, ils en ressèment les graines au mois de février dans un mélange de terreau de couche et de feuilles bien consommées.—A force de soins, feuille à feuille, ils arrivent à la floraison vers la sixième année seulement. O collectionneurs plus ou moins hollandais! — Quant à la culture simplement convenable, elle se fait en relevant vers juillet les oignons dont sont desséchées les tiges; en en séparant les caïeux que l'on plante séparément en pépinière à la mi-octobre; à la même époque et dans de la terre sablonneuse et légère, on replantera les oignons-mères à cinq pouces au plus de profondeur, au plantoir arrondi pour ne pas laisser de vide en dessous, soit en corbeilles, soit en longues bordures du plus charmant effet si l'on a pris soin de bien disposer et varier les couleurs.—Pendant les trop fortes gelées ou les trop longues pluies de l'hiver, couvrez-les de litières; abritez-les durant la floraison contre les trop grandes ardeurs du soleil.

Signifie *déclaration.*

TUSSILAGE.

Plante vivace s'éclatant à l'automne en terre humide

et ombrée, et se replantant dans des pots pour que l'on jouisse pendant l'hiver de sa fleur odorante. C'est l'héliotrope d'hiver.

Signifie *on vous rendra justice.*

VALÉRIANE.

Plante vivace, qui se multiplie au printemps par éclats ou semences en toutes sortes de terres et d'expositions.

VERGE-D'OR.

Idem.

VÉRONIQUE.

Idem. Mais de préférence les bonnes expositions et les fraîches terres.

Signifie *fidélité.*

VERVEINE.

Même culture que pour l'héliotrope.

Signifie *enchantement.*

VIOLETTE.

Un peu d'ombre, de la terre fraîche et légère, la modeste violette n'en demande pas davantage.—Mais à la violette de Parme il faut l'orangerie, ou tout au moins le châssis d'hiver.

Signifie *modestie.*

VIORNE.

Voyez Boule-de-neige.

YUCCA.

De la famille des aloès, et se cultivant comme eux.

V

Jardinage des salons, des fenêtres et des cheminées.

Pour quiconque aime le jardinage et s'en voit empêché par son séjour en ville, la fenêtre peut fort agréablement remplacer le parterre, surtout si elle est exposée au levant ou au couchant, si elle se trouve dans une rue large, ou bien au dernier étage des étroites ruelles. Dans ce dernier cas, la terrasse vaudrait encore mieux.

Sur l'une ou sur l'autre, faites établir une caisse-parterre, de dix pouces de profondeur au moins, contenant au fond le meilleur mélange possible de terres composées et à la surface les terres spéciales des plantes que vous voudrez cultiver. Qu'elle puisse s'abriter du froid par des paillassons, de la chaleur par des tentes semblables à celles qui se déroulent devant les boutiques. Qu'elle soit pourvue de petites cloches et d'un petit châssis mobile.—Que l'hiver elle puisse même se coiffer entièrement d'un grand châssis vitré avec trappe ouvrant sur l'appartement pour laisser passer la chaleur.—Quelle devienne un vrai jardin d'hiver en miniature, dans lequel vous pourrez entretenir perpétuellement toutes les fleurs de la pleine terre et de l'orangerie.

Une autre orangerie, c'est encore le salon, c'est-à-dire la pièce la moins habitée de l'appartement ,pourvu qu'il soit très-sec, parfaitement éclairé, garanti par un paravent des brises venant de la cheminée, et chauffé toujours en sorte que la température ne monte jamais à plus de trois ou quatre degrés au-dessus de glace, et ne descende jamais au-dessous du zéro du thermomètre Réaumur.

Là, comme dans la caisse-parterre et dans la serre-fenêtre, cultivez chaque plante exactement de la manière indiquée dans ce livre pour l'orangerie ou le jardin.

Enfin, quant à la cheminée, remplissez d'eau vers la mi-septembre toutes sortes de vases de porcelaine, de faïence ou de verre, — jettez-y préalablement quelques grains de sel, — posez ensuite sur ces carafes, mais sans qu'ils puissent y enfoncer jamais, de beaux oignons de jacinthes, de tulipes, narcisses, etc., etc.; — renouvelez le liquide à mesure qu'il s'absorbe, — l'oignon se perdra sans retour, mais vous obtiendrez des floraisons superbes, et cela dans toutes les chambres de l'appartement, hormis la chambre à coucher.

Ainsi donc, en suivant les préceptes de ce livre, le printemps pourra se perpétuer autour de vous, puisque vous aurez des fleurs toute l'année.

FIN.

TABLE

FIN DE LA TABLE.

Paris.—Imprimerie Bonaventure et Ducessois, 55, quai des Augustins.